AF325016

# SUR

# LES COMBINAISONS

## DU

# PHOSPHORE AVEC L'OXIGÈNE;

### PAR M. LE VERRIER.

Je me propose, dans cet écrit,

1º De donner les moyens de préparer l'oxide de phosphore dans un état de pureté absolue, ce qui ne paraît point avoir été obtenu jusqu'ici ; d'étudier les principales propriétés de ce corps, sa combinaison avec l'eau et le rôle d'acide qu'il joue par rapport aux bases puissantes.

2º De faire connaître une combinaison nouvelle dans laquelle il n'entre que du phosphore et de l'oxigène. Ce corps, dont la formation est analogue à celle de l'acide phosphatique, n'est pas une combinaison primitive. On doit le considérer comme composé d'acide phosphorique et d'oxide de phosphore.

## Oxide de phosphore.

L'oxide de phosphore se produit dans un grand nombre de circonstances. Mais pour l'avoir toujours identique dans sa composition et dans ses propriétés, il est indispensable de suivre le procédé que je vais indiquer. S'il m'arrive, dans la description de ce procédé, de ne faire qu'énoncer certains faits qui auraient cependant besoin de preuves, ce sera pour arriver plus rapidement à l'étude de l'oxide de phosphore, dont la connaissance est indispensable pour l'examen de ces faits, sur lesquels je reviendrai plus tard.

Je prends un ballon dont la capacité soit d'un litre environ, dont le col ait un décimètre de hauteur et deux centimètres et demi de largeur, l'expérience m'a appris que c'est avec ces sortes de ballons qu'on réussit le mieux. J'y verse un peu de chloride phosphoreux, puis j'y introduis du phosphore, coupé en morceaux du poids d'un demi-gramme, et desséché sur du papier, en quantité suffisante pour former, au fond du ballon, une couche de deux centimètres d'épaisseur. J'ajoute ensuite assez de chloride phosphoreux pour recouvrir le phosphore d'une petite quantité de liquide, et j'abandonne le ballon, ouvert au contact de l'air. Huit ou dix ballons ainsi préparés sont nécessaires pour obtenir aisément deux grammes d'oxide.

Après un intervalle de temps plus ou moins long, et qui souvent ne dépasse pas 24 heures, on remarque à la surface de la liqueur une épaisse croûte blanche d'acide phosphatique; tandis qu'en dessous de la couche de phosphore, on voit au travers du verre une matière jaune attachée à ce phosphore et au fond du ballon. Cette matière est une combinaison d'acide phosphorique avec l'oxide de phosphore. Je la désignerai sous le nom de *Phosphate d'oxide phosphorique*.

Vingt-quatre heures après l'apparition de la matière blanchâtre, la quantité de phosphate d'oxide paraît, en général, être à son maximum. Il faut alors décanter le chloride phosphoreux pour le faire servir à une nouvelle opération ; détacher les morceaux de phosphore qui adhèrent entre eux et au fond du ballon, et les faire tomber peu à peu dans de l'eau froide. On évite ainsi l'élévation considérable de température qui se manifesterait par une dissolution trop rapide de l'acide phosphorique et du chloride phosphoreux en excès : ce qui entraînerait la décomposition du phosphate d'oxide, ainsi qu'on le verra plus loin. L'eau se trouve bientôt fortement colorée en jaune par la dissolution du phosphate d'oxide, et en décantant et filtrant pour se débarrasser du phosphore tenu en suspension, on obtient une liqueur jaune parfaitement limpide.

En chauffant cette liqueur, le phosphate d'oxide se décompose vers 80° en acide phosphorique, et en une matière floconneuse, jaune, très divisée, qui cependant se rassemble assez vite au fond de l'eau. Cette matière est de l'*hydrate d'oxide de phosphore*, à peu près insoluble dans l'eau. Cet hydrate peut être lavé en peu de temps sur un filtre avec de l'eau chaude ; mais pour avoir un produit pur et qui ne soit point souillé par le papier, il ne faut pas opérer la dessiccation sur le filtre ; il faut enlever du filtre l'hydrate encore humide, le trans-

porter dans une capsule de porcelaine, et le placer dans
le vide, à côté d'un vase rempli d'acide sulfurique. Là,
l'oxide abandonne non seulement l'eau interposée, mais
encore celle qu'il contenait en combinaison; l'hydrate
se détruit, et il reste de l'oxide de phosphore parfaitement
pur.

Lorsqu'on conduit avec lenteur la dessication de
l'oxide hydraté, la matière se rassemble peu à peu et
finit par se présenter sous forme de petits grains rouges,
dont quelques uns ont un aspect cristallin. On peut
toutefois broyer ces grains avec facilité et obtenir l'oxide
sous forme d'une poudre très fine qui est alors d'un beau
jaune serin. On arrive au même résultat, en menant la
dessiccation de l'hydrate, par l'acide sulfurique, assez rapidement pour qu'il se congèle. Il abandonne instanta-
nément toute son eau de combinaison, et alors, si on retire la capsule du vide et qu'on fasse fondre la glace, au
lieu d'un hydrate volumineux et pâteux qu'on avait introduit, on obtient une grande quantité d'eau, au fond
de laquelle se précipite l'oxide déshydraté, sous forme
d'une poudre jaune très ténue. La majeure partie de l'eau
peut s'enlever au moyen d'une pipette, surtout en chauffant un peu, et le reste disparaît promptement dans le
vide.

La matière, ainsi obtenue, ayant été, dans sa préparation, en contact avec du chloride phosphoreux et de l'eau,
il est nécessaire de prouver qu'elle ne contient ni chlore,
ni hydrogène, pour qu'il soit démontré qu'elle consiste
en phosphore oxidé. Or, en la dissolvant à l'aide d'une
légère chaleur, dans de l'acide nitrique faible, on ne
trouve point de chlore dans la liqueur. En la brûlant au

moyen d'une grande quantité d'oxide de cuivre, elle n donne point de traces d'eau.

Pour déterminer le rapport du phosphore à l'oxigène dans cet oxide, il faut en dissoudre un poids connu dans de l'acide nitrique faible, fixer l'acide produit, au moyen d'un poids connu de litharge parfaitement pure, et le transformer entièrement en acide phosphorique. Du poids de cet acide, on déduit le poids du phosphore qui était contenu dans la combinaison : ce dernier, retranché du poids de la matière employée, donne la quantité d'oxigène correspondant.

En suivant ce procédé et en prenant une moyenne entre plusieurs analyses, dont chacune conduit à peu près au même résultat, j'ai trouvé l'oxide de phosphore composé de 392,31 parties de phosphore, et de 50,26 parties d'oxigène. Il est donc représenté par la formule $Ph^4\,O$. On voit qu'il renferme moitié moins d'oxigène que l'acide hypophosphoreux.

Préparé par le procédé ci-dessus, l'oxide de phosphore est pulvérulent et d'une couleur jaune serin. Il n'est soluble ni dans l'eau, ni dans l'alcool, ni dans l'éther : sa densité surpasse celle de l'eau.

A l'instant où on le retire du vide, il n'a ni odeur, ni saveur, et on le conserve très bien dans cet état au contact de l'air ou de l'oxigène secs. Mais lorsque ces gaz sont humides, il en attire l'eau, et s'acidifie lentement en laissant dégager une légère odeur d'hydrogène phosphoré. Dans aucun cas, il ne donne de lumière dans l'obscurité.

Lorsqu'on le soumet, pendant plusieurs heures, et à l'abri du contact de l'air, à une température d'environ

3oo°, il n'éprouve point de décomposition ; mais il prend une couleur rouge assez vive. Un peu au dessus de la température du mercure en ébullition , il se décompose avec rapidité : du phosphore distille, et il reste de l'acide phosphorique parfaitement blanc.

Chauffé au contact de l'air, il résiste à une température très élevée , et ce n'est qu'à l'instant où il vient à laisser dégager du phosphore qu'il s'enflamme.

Le chlore le transforme en acide phosphorique et en chlorure de phosphore.

L'acide hydrochlorique gazeux est sans action sur lui, soit à chaud soit à froid. Il en est de même de cet acide en dissolution dans l'eau, pourvu qu'il soit pur. Lorsqu'il contient du fer au maximum d'oxidation et qu'on fait bouillir, l'oxide de phosphore est détruit, et il se produit un précipité blanc. L'acide sulfurique concentré donne de l'acide sulfureux, quand on le chauffe avec l'oxide de phosphore. Enfin ce corps est détruit par l'acide nitrique. Lorsque l'acide est affaibli, il est nécessaire de favoriser la réaction par une légère chaleur.

Mélangé au chlorate de potasse, il donne une poudre fulminante qui détonne quelquefois pendant le mélange et sans qu'on ait exercé sur elle aucune pression. Une légère pression en détermine toujours l'explosion.

Trituré avec du bioxide de cuivre, il fuse par l'approche d'un charbon incandescent, en laissant des globules en fusion, dont la température est excessivement élevée, et qui paraissent formés surtout de phosphure de cuivre.

*Combinaison de l'oxide de phosphore avec l'eau.*

En donnant la préparation de l'oxide de phosphore, j'ai dit que la matière jaune et volumineuse, obtenue en chauffant la dissolution du phosphate d'oxide, est de l'oxide hydraté. Cet hydrate peut se laver à l'eau chaude sans éprouver de décomposition : on le débarrasse donc ainsi des acides contenus dans la liqueur ; malheureusement, il est impossible de le dessécher. Il perd son eau de composition, soit dans le vide, soit à l'air, à la température ordinaire : ce qui m'a forcé de recourir au procédé suivant, pour déterminer la quantité d'eau qu'il contient.

Après l'avoir, au moyen de l'eau, débarrassé d'acide phosphorique, j'ai enlevé l'eau qu'il retenait interposée, d'abord avec de l'alcool ordinaire, puis avec de l'alcool absolu, traitement qui ne l'altère point. L'alcool a ensuite été enlevé à son tour par de l'éther parfaitement rectifié, et j'ai obtenu ainsi une masse d'hydrate mêlé à de l'éther. J'ai introduit sur-le-champ cette masse dans un petit ballon, sans donner à l'éther le temps de s'évaporer, ce qui aurait permis à une portion de l'hydrate de se décomposer. A ce ballon, j'ai, au moyen d'un bouchon, adapté deux tubes, l'un amenant un courant d'hydrogène parfaitement desséché, l'autre destiné à conduire les vapeurs d'eau et d'éther enlevées par le courant d'hydrogène, dans une suite de tubes à chlorure de calcium, pesés à l'avance. En favorisant la destruction de l'hydrate par une chaleur de 40° à 50°, il ne tarde pas à être entièrement décomposé. La vapeur d'eau se trouve arrêtée par le chlorure de calcium. Quant à la vapeur d'éther, il suffit d'élever très peu la température des tubes pour que le courant d'hydrogène en débarrasse complétement. Je m'étais d'ailleurs assuré, par une expérience préliminaire, que l'éther employé ne pouvait produire aucun accroissement de poids sur le chlorure de calcium.

En pesant alors de nouveau les tubes à chlorure, leur accroissement de poids fait connaître le poids de l'eau qui était contenue dans l'hydrate. Quant au poids de l'oxide correspondant, on pourrait penser qu'on l'obtiendra en le pesant avec le ballon, et retranchant du poids obtenu le poids du ballon seul. Mais cet oxide ayant eu le contact de l'alcool et de l'éther, il retient toujours fortement une certaine quantité de matière végétale qui oblige à calculer son poids, d'après la quantité d'acide phosphorique qu'il donne, quand on le traite convenablement par l'acide nitrique.

J'ai ainsi trouvé que 1000 parties d'hydrate en renferment 795 d'oxide et 205 d'eau. On en conclut que l'oxigène contenu dans l'eau est double de celui contenu dans l'oxide, et que, par conséquent, l'hydrate d'oxide de phosphore est représenté par la formule $Ph^4O + H^4O^2$.

Quoique perdant son eau au contact de l'air avec la plus grande facilité, l'oxide de phosphore hydraté s'altère à peine, quand on le fait bouillir avec de l'eau. En prolongeant cette action pendant 48 heures, la liqueur s'acidifie toutefois légèrement, et l'oxide se déshydrate en partie.

Il n'est que très légèrement soluble dans l'eau, à laquelle il donne la propriété de noircir les dissolutions de cuivre. Avec quelque soin qu'on le lave, il communique toujours à la teinture de tournesol une couleur rougeâtre.

Lorsqu'on l'abandonne sous l'eau à l'action directe des rayons du soleil, il se décompose assez promptement, donne de l'hydrogène phosphoré et de l'acide phosphorique. Cette action exige-sans doute non seulement la décomposition de l'eau de combinaison, mais encore celle de l'eau étrangère.

### Combinaisons de l'oxide de phosphore avec les bases.

L'oxide de phosphore joue, à l'égard des bases puissantes, le rôle d'un acide. Les sels auxquels il donne ainsi lieu, se détruisant avec facilité, il en résulte dans leur étude une foule de difficultés que je n'ai pu vaincre complétement.

Lorsqu'on traite l'oxide de phosphore par l'ammoniaque, la potasse ou la soude en dissolution dans l'eau, il noircit rapidement, en s'unissant à ces bases. On le rend à sa couleur primitive en saturant l'alcali au moyen d'un acide fort.

Ce traitement de l'oxide de phosphore par les alcalis en dissolution dans l'eau, ne peut servir à étudier les sels qui en résultent, parce que ces sels s'altèrent rapidement au contact de l'eau. Ce liquide est décomposé ; il se dégage du gaz hydrogène à peu près pur, et si l'alcali se trouve en grand excès dans la liqueur, tout l'oxide de phosphore se trouve bientôt transformé en acide phosphorique. Si l'on n'employait qu'une quantité suffisante d'alcali pour saturer l'oxide de phosphore, la décomposition aurait encore lieu ; une partie seulement de l'oxide serait transformée en acide phosphorique, tandis que l'autre partie serait ramenée à l'état d'oxide libre.

A ces inconvéniens du traitement par l'eau, il faut encore ajouter que les combinaisons de l'oxide de phosphore avec les alcalis sont notablement solubles dans l'eau : car avec quelque soin qu'on filtre l'eau qui les contient, cette eau noircit toujours fortement les dissolutions de cuivre.

L'ammoniaque gazeuse et parfaitement sèche s'unit à l'oxide de phosphore sec sans le décomposer. 1000 parties de cet oxide absorbent en peu de temps de 48 à 49 parties d'ammoniaque, après quoi le poids reste constant. En considérant comme définie la combinaison qui en résulte, elle doit, pour une proportion 214,52 d'ammoniaque, renfermer un poids 4423,1 d'oxide de phosphore, représentant 500 parties d'oxigène. Ce sel correspondrait donc à un sel métallique dans lequel l'oxigène de l'acide serait quintuple de celui de la base.

Ainsi préparé, le sel ammoniacal abandonne peu à peu une partie de son ammoniaque au contact de l'air sec. Il en retient toutefois avec force une portion que les acides faibles ne peuvent lui enlever. Il faut employer de l'acide sulfurique ou de l'acide hydrochlorique pour ramener l'oxide à sa couleur primitive : et encore est-on obligé de laisser en digestion, pendant 24 heures, ou bien de favoriser la réaction par la chaleur. Cette adhérence de l'ammoniaque à l'oxide de phosphore ne se fait point remarquer, quand le sel a été préparé sous l'eau.

L'action de l'oxide de phosphore sur la potasse en dissolution dans l'alcool absolu, mérite d'être remarquée.

Lorsque cette dissolution est concentrée, l'oxide est rapidement détruit. Il y a sans doute décomposition de l'eau provenant de la potasse : car on obtient un dégagement de gaz hydrogène, Il se forme du phosphate de potasse.

Mais lorsque la dissolution est étendue, la décomposition de l'oxide est assez lente pour qu'en le projetant peu à peu dans la potasse, on le voie s'y dissoudre sans altération et la colorer fortement en rouge. On ne peut dissoudre ainsi qu'une quantité d'oxide proportionnelle à la quantité de potasse. En continuant d'ajouter de l'oxide, il arrive un instant où il se colore simplement en brun, sans se dissoudre ; et en outre il précipite en l'ajoutant en quantité suffisante tout l'oxide qui avait été dissous.

Il existe donc deux combinaisons de l'oxide de phosphore avec la potasse : l'une contenant un excès de potasse et soluble comme cet alcali dans l'alcool ; l'autre contenant moins d'alcali, et insoluble, comme l'oxide de phosphore, dans l'alcool.

Le sel insoluble ne peut être analysé. Il se décompose pendant qu'on le lave, même avec de l'alcool absolu. Peu à peu, il perd sa couleur grise ; du phosphate de potasse se forme et de l'oxide pur se reproduit.

La composition du sel soluble paraissait au contraire susceptible d'une détermination approchée. A l'instant en effet où la dissolution commence à se décolorer par l'addition d'une nouvelle quantité d'oxide de phosphore, elle ne doit plus contenir de potasse libre ; et en la filtrant, il ne doit passer avec la liqueur qu'un sel identique. Or, si on la laisse tomber, à mesure qu'elle filtre, dans de l'acide sulfurique faible, chaque goutte qui touche l'acide donne lieu à du sulfate de potasse et à de l'*oxide de phosphore hydraté* qui se précipite. Il en résulte donc un moyen de séparer cet oxide de la potasse. Cette méthode m'a conduit toutefois à des résultats un peu variés : aussi ne l'ai-je rapportée que parce qu'elle donne un procédé pour hydrater de nouveau de l'oxide de phosphore déshydraté.

Les dissolutions de la chaux et de la baryte dans l'eau altèrent aussi l'oxide de phosphore. L'action est la même qu'avec la potasse : seulement elle est plus lente. D'ailleurs le phosphate insoluble qui se forme dans ce cas ne tarde pas à préserver le reste de l'oxide, qui ne disparaît point complétement, comme cela arrive avec la potasse pure.

Lorsque l'oxide de phosphore se trouve en contact avec un sel de peroxide métallique, il en ramène, à l'aide de la chaleur, la base à l'état de protoxide. Il réduit complétement les sels de cuivre, d'argent... et donne lieu à des phosphates et à des phosphures.

Plusieurs des propriétés de l'oxide de phosphore pourraient, au premier abord, le faire confondre avec l'hydrure de phosphore décrit dans un précédent Mémoire. Il sera toujours facile de distinguer l'un de l'autre ces deux corps, au moyen de l'ammoniaque qui noircit l'oxide de phosphore, tandis qu'elle est sans aucune action sur l'hydrure.

---

Lorsqu'on enflamme du phosphore au contact de l'air, ou qu'on le brûle sous l'eau chaude par un courant de gaz oxigène, il laisse un résidu rouge qui est de l'oxide de phosphore mêlé à du phosphore en excès. M. Pelouze, qui a étudié ce corps, après l'avoir séparé de l'excès de phosphore par la distillation, et de l'acide phosphorique par des lavages, l'a trouvé composé de 3 atomes de phosphore et de 1 atome d'oxigène. L'oxide de phosphore, préparé par mon procédé, renferme 4 atomes de phosphore et 1 atome d'oxigène. On peut, ce me semble, montrer qu'il est identique avec l'oxide rouge pur, d'où il faut conclure que le procédé suivi par M. Pelouze ne donne point sans doute un oxide exempt de tout corps étranger.

En comparant les propriétés du corps décrit par M. Pelouze avec celles de l'oxide que j'ai examiné, on verra qu'il y a presque identité. Les deux corps ne diffèrent entre eux que par la propriété qu'a le mien de s'unir aux alcalis, propriété qui ne se trouve pas dans l'oxide rouge. Cette différence tient toutefois à une cause toute physique, à la haute température à laquelle il a fallu soumettre l'oxide rouge pendant quelque temps pour le débarrasser de l'excès de phosphore.

Nous avons vu plus haut qu'en exposant pendant long-temps de l'oxide jaune à une température élevée, il prenait une couleur rouge assez vive sans éprouver aucune altération. Or l'oxide rouge ainsi formé n'est plus susceptible de s'unir aux alcalis qui n'en altèrent pas la couleur; et puisqu'il n'a, dans cette transformation, subi aucune altération, cet oxide rouge et l'oxide jaune sont identiques.

Guidé par cette donnée, j'ai cherché à préparer de l'oxide rouge, qui ne fut point soumis, pendant long-temps, à une haute température. Pour cela, j'ai étendu

du phosphore en couche mince sur une plaque de porcelaine, et je l'ai enflammé. J'ai obtenu ainsi une grande
quantité d'oxide qui ne contenait qu'un petit excès de
phosphore; je l'ai lavé pour le débarrasser de l'acide
phosphorique; puis, après l'avoir séché, je l'ai fait bouillir à plusieurs reprises avec du chloride phosphoreux,
pour le débarrasser du phosphore libre. Enfin, je l'ai de
nouveau lavé et séché.

L'oxide rouge, ainsi préparé, jouit de toutes les propriétés de l'oxide jaune. Celles de ses parties qui n'ont
point, pendant sa formation, éprouvé un coup de feu
trop violent, sont susceptibles de s'unir aux alcalis. Il
noircit donc par l'action de ces agens; il se dissout, en
partie, dans la dissolution de la potasse dans l'alcool et
la colore en rouge; et alors, si on filtre rapidement
cette dissolution et qu'on la traite par un acide, comme
il a déjà été expliqué, l'oxide se précipite à l'*état d'hydrate*. Cet hydrate, desséché, redonnerait de l'oxide
jaune.

Enfin, j'ai soumis l'oxide rouge, que j'avais obtenu, à
l'analyse; j'y ai trouvé un peu plus d'oxigène que dans le
mien, mais moins que dans celui de M. Pelouze. Or,
comme d'après le procédé suivi pour l'analyse, les erreurs
ne peuvent qu'affecter l'oxigène en plus, il est impossi-
sible que cet oxide ait la composition que M. Pelouze a
remarquée dans celui qu'il a examiné. Il est donc probable
que la combustion rapide du phosphore donne toujours
un oxide impur : peut-être y reste-t-il un peu d'acide
phosphorique. Si l'on voulait avoir de l'oxide rouge pur,
le mieux serait de prendre de l'oxide jaune et de le main-
tenir, pendant 8 à 10 heures, à une température de 300°.

Avant d'être parvenu à me procurer l'oxide de phosphore pur, au moyen du chloride phosphoreux, j'avais déjà préparé une matière analogue, au moyen de l'éther. Je suivais, pour cela, un procédé tout-à-fait semblable à celui que j'ai décrit, mais en employant, au lieu du chloride phosphoreux, de l'éther rigoureusement privé d'eau. La matière ainsi obtenue, qui au premier abord ne diffère de l'oxide pur qu'en ce que sa couleur est toujours d'un beau jaune orangé, renferme une grande quantité de substance végétale ; car en la chauffant jusqu'au rouge, dans un tube de verre, elle laisse un abondant résidu de charbon, tandis que, dans les mêmes circonstances, l'oxide de phosphore pur ne laisse que de l'acide phosphorique parfaitement blanc.

Cette matière paraît être une combinaison définie; elle renferme toujours la même proportion de substance végétale. On s'en assure aisément, en dosant l'oxide de phosphore qu'elle contient, par sa transformation en acide phosphorique. J'ai trouvé ainsi que 1000 de ses parties renferment 903 parties d'oxide de phosphore et 97 parties de matière végétale.

La plupart des propriétés de l'oxide pur se retrouvent dans cette substance. Notons surtout les points dans lesquels elle en diffère.

Sa couleur est d'un jaune orangé assez foncé. Elle donne un hydrate jaune serin qui se décompose par sa congélation dans le vide, et dans cette expérience, la couleur tourne subitement au jaune orangé.

Aucune action n'est susceptible de lui enlever la matière végétale qu'elle contient. Lorsqu'on la fait bouillir pendant 48 heures, soit à l'état anhydre, soit à l'état d'hydrate, elle ne s'altère point. A l'instant où l'on place cet hydrate dans le vide pour le dessécher, il s'entoure de nuages lumineux, visibles dans l'obscurité. Ces nuages cessent de se produire, quand la matière est déshydratée. Mais alors, si on la porte vers la température de 150°, elle donne une forte odeur d'hydrogène phosphoré et s'entoure de nouveau de vapeurs lumineuses, sans cependant s'enflammer au contact de l'air. Il y a décomposition de la matière végétale et de l'oxide ; le produit s'acidifie fortement et finit par laisser une substance rouge mêlée à du charbon.

Quand on l'enflamme au contact de l'air, elle donne un résidu charbonneux : il en est de même lorsqu'on la projette dans le chlore gazeux.

L'acide nitrique la dissout sans résidu : elle se combine avec les alcalis.

La matière végétale qui entre dans cette combinaison est vraisemblablement de l'éther. J'énonce brièvement les raisons sur lesquelles est basée cette opinion.

Je n'ai pu, dans la préparation de la substance par l'éther, dénoter aucune altération de cet éther.

En admettant qu'elle soit composée d'une proportion d'éther 468,58, et de la proportion 4423,1 d'oxide de phosphore, déterminée plus haut par l'ammoniaque, on trouve que 1000 de ses parties doivent en contenir 904,2 d'oxide de phosphore et 95,8 de matière végétale, résultat qui s'accorde avec celui fourni par l'analyse directe de cette matière.

Ce ne serait point à l'oxide de phosphore que l'éther s'unirait directement, mais bien à cet oxide combiné à l'acide phosphorique, et pendant la formation de ce sel.

Une analyse élémentaire est toutefois nécessaire pour trancher la question.

## Combinaison de l'oxide de phosphore avec l'acide phosphorique.

Nous avons déjà dit dans quelles circonstances se forme cette combinaison; elle est très soluble dans l'eau, ce qui fournit un moyen de la séparer, par la filtration, du phosphore en excès, mais non pas des acides phosphorique, phosphoreux et hydrochlorique qui se trouvent à l'état de liberté. Ces acides ne pouvant d'ailleurs être précipités par aucun agent qui ne décompose en même temps la combinaison de l'acide phosphorique avec l'oxide de phosphore, l'eau doit être rejetée dans l'analyse de cette combinaison. Ce sera en nous basant sur la propriété qu'a le phosphate d'oxide phosphorique de se dissoudre dans l'alcool et d'en être précipité par l'éther, que nous parviendrons à l'isoler du phosphore et des acides libres.

A cet effet, je commence par laver avec de l'éther les ballons dans lesquels la combinaison s'est formée, pour enlever la majeure partie des acides libres; je traite le résidu par l'alcool anhydre qui dissout le phosphate d'oxide phosphorique, du phosphore et le reste des acides étrangers; puis je filtre pour séparer le phosphore qui n'a pas été dissous. Ajoutant alors à la liqueur filtrée de l'éther rectifié, le sel seul est précipité ; toutes les substances étrangères restent en dissolution et sont enlevées par un lavage suffisant à l'éther. Quoique ce traitement puisse donner un produit exempt d'acides libres, je conseille toutefois de dissoudre de nouveau le sel dans l'alcool et de le précipiter une seconde fois avec de l'éther.

Le produit, jeté dans une capsule, est débarrassé de la majeure partie de l'éther, au moyen d'une pipette : le reste de l'éther disparaît du jour au lendemain dans le vide à côté de l'acide sulfurique.

Le phosphate d'oxide phosphorique, ainsi obtenu, retient une petite quantité de matière végétale dont je n'ai pu le débarrasser. Il se présente sous forme d'une matière orangée qui se pulvérise facilement. Il est sans odeur, et n'a qu'une saveur très légère ; il attire, mais avec lenteur, l'humidité de l'air.

A l'instant où on vient de le préparer, il est complétement soluble dans l'eau et dans l'alcool, qu'il colore en jaune ; mais il ne tarde pas à perdre cette propriété, en se décomposant en acide phosphorique et en oxide de phosphore.

Sa dissolution dans l'eau se décompose spontanément, en un petit nombre d'heures, en acide phosphorique et en oxide de phosphore hydraté, qui se précipite. La précipitation de l'hydrate est instantanée ; quand on porte la température de la liqueur vers 80°. En ajoutant à cette dissolution un alcali, elle brunit fortement, mais sans donner de précipité. Sans doute, il se forme alors un sel double soluble dans l'eau. Ce sel double se décompose par la chaleur et laisse précipiter l'oxide en combinaison avec une partie de l'alcali.

Pour connaître le rapport de l'acide phosphorique à l'oxide de phosphore, dans ce sel, le mieux est d'en dissoudre un poids quelconque dans l'eau et de précipiter l'oxide par la chaleur ; de filtrer ensuite et de laver l'oxide avec rapidité à cause de sa légère solubilité dans l'eau, quand il est à l'état d'hydrate. On détermine, par le procédé ordinaire, la quantité d'acide phosphorique comprise dans la liqueur filtrée. Mais il ne suffirait pas de dessécher l'oxide et de prendre son poids ; à cause du traitement par l'alcool et l'éther, il a retenu une certaine quantité de matière végétale qui force à le doser par sa transformation en acide phosphorique.

J'ai trouvé, par ce procédé, que pour une quantité d'oxide contenant 40 parties d'oxigène, l'acide phosphorique correspondant en renfermait 156. Ce dernier nombre doit être un peu trop fort à cause de la légère solubilité de l'oxide de phosphore hydraté. En prenant donc le rapport plus simple de 40 à 150, ou de 4 à 15, nous aurons pour représenter le phosphate d'oxide de phosphore la formule $\frac{3}{4} Ph^2 O^5 + P^4 O$. On remarquera sans doute qu'en étendant à ce composé les lois des sels à base métallique, il représente un sesqui-phosphate. Si on voulait le considérer comme une combinaison primitive, il aurait la formule compliquée $Ph^{22} O^{19}$.

Ajoutons que la matière végétale qui reste unie à cette substance, à cause du traitement auquel elle a été soumise, pourrait faire craindre que le rapport de l'acide phosphorique à l'oxide de phosphore n'y fût point le même que dans la substance pure.

Malgré le peu de probabilité de cette hypothèse, il serait très intéressant d'amener le phosphate d'oxide phosphorique à un état de pureté absolue. Je n'ai pu y parvenir ; et ce n'est même qu'après un grand nombre d'essais que j'ai pu le réduire à n'être plus souillé que par une petite quantité de matière végétale.

———

Jetons actuellement un coup d'œil sur la formation du phosphate d'oxide phosphorique, formation qui est analogue à celle de l'acide phosphatique , ainsi qu'on a pu déjà le remarquer.

Le chloride phosphoreux, et l'éther n'agissent point comme agens chimiques, dans la préparation que j'ai décrite ; ils ont seulement pour but de présenter le phosphore qu'ils dissolvent , dans un état convenable de division, à l'action de l'oxigène de l'air. La préparation de la substance par l'éther exclut l'idée que le chloride phosphoreux, quand on l'emploie, fournisse le phosphore au produit ; et réciproquement , la préparation par le chloride phosphoreux montre que, quand on emploie l'éther, ce n'est point à cette substance végétale que l'oxide de phosphore emprunte son oxigène.

Les dissolutions du phosphore dans le chloride phosphoreux et dans l'éther absorbent rapidement l'oxigène de l'air, ainsi qu'on peut s'en convaincre en les faisant communiquer avec une source finie et mesurable de ce fluide. C'est à cet oxigène qu'est due la formation du phosphate d'oxide phosphorique. Cela est évident, quand on opère avec le chloride phosphoreux ; et quand on opère avec l'éther, on s'en assure en remarquant que si on substitue à l'air de l'acide carbonique, de l'hydrogène... on n'obtient aucun produit.

L'apparition du phosphate d'oxide phosphorique n'ayant habituellement lieu qu'au bout de 24 heures, on pourrait penser qu'il commence par se former de l'acide phosphorique, et qu'ensuite, sous son influence, le phosphate d'oxide phosphorique prend naissance. Mais, dans cette hypothèse, si l'on employait, pour la préparation, du chloride phosphoreux ou de l'éther qui eussent déjà servi, le produit devrait se manifester plus tôt. Or, cela n'a pas lieu. On sait d'ailleurs que par l'action directe de l'oxigène de l'air, et à froid, il ne se forme pas d'acide phosphorique isolé.

Concluons donc que le phosphate d'oxide phosphorique prend immédiatement naissance par l'action de l'oxigène de l'air, comme cela a lieu pour l'acide phosphatique.

Mais dans quelles circonstances cette action donne-t-elle lieu à de l'acide phosphatique, et dans quels cas au contraire se produit-il du phosphate d'oxide phosphorique?

Lorsque dans la préparation on emploie de l'éther qui n'a point été privé d'eau, on n'obtient que de l'acide phosphatique et point de phosphate d'oxide phosphorique. Ce fait m'avait conduit à penser que le premier de ces corps se formait quand la préparation a le contact de l'eau; et alors l'acide phosphatique qui se présente à la surface du produit s'expliquait par l'humidité continuelle de l'air atmosphérique. Mais comme en employant du chloride phosphoreux et un courant d'air sec j'ai obtenu beaucoup d'acide phosphatique, cette explication est inadmissible.

Il ne reste alors d'autre hypothèse que celle suggérée naturellement par la composition des deux combinaisons.

L'acide phosphatique se formerait à la surface supérieure du produit, là où il y a plus d'oxigène dans la sphère d'activité. Le phosphate d'oxide phosphorique, qui renferme moins d'oxigène que l'acide phosphatique, prendrait naissance au fond de la liqueur. Mais cette explication elle-même ne doit être mise en avant qu'avec réserve.

En étudiant l'action de l'oxigène sur la dissolution du phosphore dans le chloride phosphoreux, j'ai remarqué, de la part de la lumière, une influence assez intéressante en ce qu'elle se lie à ces altérations rapides du phosphore, dont la cause est encore inconnue. Lorsqu'on abandonne, pendant quelques heures, du chloride phosphoreux, chargé d'un excès de phosphore, au contact de l'air pour lui laisser absorber de l'oxigène, puisqu'on l'enferme dans un petit ballon qu'on scelle ensuite à la lampe, on peut le conserver *indéfiniment dans l'obscurité* sans qu'il perde sa transparence. Mais si, soit immédiatement, soit après plusieurs mois, on vient à le soumettre à l'action de la lumière diffuse, il se trouble peu à peu et laisse déposer de l'oxide jaune de phosphore, qu'il est ensuite impossible de redissoudre dans le chloride. Sous l'influence de la lumière directe du soleil, le précipité se forme très rapidement, et sa couleur est rouge. Ces deux corps débarrassés du phosphore en excès par le lavage au chloride phosphoreux, et des acides par des lavages à l'eau, ont identiquement la même composition que l'oxide jaune pur examiné ci-dessus. L'oxide obtenu par ce nouveau procédé était sans doute tenu en dissolution dans la liqueur par sa combinaison avec un acide, et il en a été précipité par l'action de la lumière.

Ces remarques donnent l'explication des dépôts abondans d'oxide de phosphore qui viennent quelquefois à se produire dans des flacons bouchés, et sans absorption apparente d'oxigène. Ce gaz a pu être absorbé long-temps avant dans un lieu peu éclairé, et la précipitation s'opère ensuite sous l'influence d'une lumière plus vive.

Je terminerai en faisant remarquer que la connaissance du phosphate d'oxide phosphorique, viendrait confirmer, si cela était nécessaire, l'opinion de l'illustre chimiste qui, le premier, a considéré l'acide phosphatique comme un composé à proportions définies d'acide phosphorique et d'acide phosphoreux. Cette manière de voir paraissait cependant ne point avoir été adoptée par quelques chimistes.

La constance du rapport de l'acide phosphorique à l'acide phosphoreux, dans l'acide phosphatique, considéré comme une combinaison des deux premiers, leur indiquait bien un composé à proportions définies. Mais ils auraient, sans doute, désiré voir dans ce composé, pour le caractériser sans réplique, quelque propriété qui ne se trouvât pas dans l'acide phosphorique ou dans l'acide phosphoreux.

Toutes ces conditions sont remplies dans le phosphate d'oxide phosphorique. Le rapport du phosphore à l'oxigène y est constant, et l'on a vu qu'il jouit de propriétés remarquables qui lui sont particulières.

Ce corps fournit donc un exemple d'un véritable sel, où le phosphore, en s'unissant à l'oxigène, donne incontestablement l'acide et la base ; et dès lors il ne reste aucun motif de ne pas admettre le même fait pour l'acide phosphatique. En le rejetant pour cet acide, tandis qu'on serait forcé de le reconnaître dans le phosphate d'oxide phosphorique, on serait loin de simplifier la théorie, c'est-à-dire d'arriver au but qu'on s'était sans doute proposé.

(Extrait des *Annales de Chimie et de Physique*, juillet 1837.)

Imprimerie de E.-J. BAILLY, place Sorbonne, 2.